U0281944

孩子，你要学会保护自己

HAIZI NIYAO
XUEHUI BAOHU ZIJI

潜藏在生活中的危机

王维浩　编著

科学普及出版社

·北　京·

图书在版编目（CIP）数据

孩子，你要学会保护自己．潜藏在生活中的危机 /
王维浩编著 . -- 北京 : 科学普及出版社 , 2022.11（2024.1 重印）
ISBN 978-7-110-10488-0

Ⅰ . ①孩… Ⅱ . ①王… Ⅲ . ①安全教育—儿童读物
Ⅳ . ① X956-49

中国版本图书馆 CIP 数据核字 (2022) 第 144991 号

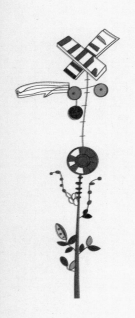

序言

张咏梅 儿童伤害预防教育专家、全球儿童安全组织（中国）高级传讯顾问、中国项目专员

　　几年前，有企业邀请我去给他们的员工讲有关儿童伤害预防的讲座，其初衷是企业给予员工的一种福利。近些年，随着网络信息的传播，越来越多的儿童伤害事件浮现在了大众的视野中。一时间，"儿童安全"成了无法回避的重要议题，被人们广泛地讨论。无论是网络上的新闻热点，还是两会上的代表提案，都显示出了大众对中国儿童安全教育倾注的深情。由此，我也看到越来越多的企业将"儿童安全培训"列为重要内容，不再是简单的福利馈赠，而是将此纳入了企

业社会责任的一部分。如此的重视程度，可以说，中国的孩子们有福了。

十年前，我有幸成为全球儿童安全组织（中国）高级传讯顾问，专注于儿童意外伤害预防的数据研究和常识传播工作。在每天面对的大量伤害信息中，我发现几乎所有的意外发生都是有规律可循的。比如暑期是儿童溺水高发期；燃气中毒或烧烫伤是年底到春节期间发生最多的伤害类型；幼童发生高楼坠亡的起因多和看护缺失有关；因盲区造成的汽车碾轧意外，也多因孩子未在家长监护下跑过马路所致。由此，做好儿童伤害预防的基础，就是学习基本常识、了解事件本质、注重行为培养。

这套书的出版主要面向学生群体，文风、画风和游戏的设计都贴近儿童的阅读习惯。众所周知，做安全教育有个难点，就是人群定位。不同年龄段的孩子，宣讲的方式和内容截然不同。比如 0—3 岁的宝宝，处在最乐于探索世界的年龄段，家长的教育应侧重于帮助他们营造家中的安全环境。4—6 岁的幼童开始了社会交往，不安于居室，放眼于户外，

父母要多用游戏互动的方式来进行亲子教育，通过角色扮演让孩子理解危险的定义。进入小学阶段的儿童，低年级和高年级的安全教育也是有区分的。普及形式由游戏体验到实训学习，都需要建立一整套有针对性的课程体系。

《孩子，你要学会保护自己》这套书很好地抓住了小学至初中阶段儿童的行为和认知特点，侧重行为指导。比如《面对校园风险我会说不》分册中，将课间容易发生的冲撞、打闹等充满隐患的行为单列出来，明确正确的行为指导，以正视听；《潜藏在生活中的危机》分册中，将孩子们容易在公共场所发生的危险行为列举出来，比如乘坐自动扶梯的错误姿势等；《面对生命威胁学会自救》分册中，一些生活的急救小常识也非常实用。道路伤害是 1—14 岁中国儿童第二位死因，是 15—19 岁少年第一位死因。而步行和乘坐机动车是发生交通意外的主要交通方式。因此，《我会应对户外危险》分册，强调了要规范儿童的步行习惯，比如专心走路、不要戴耳机等，是避免伤害的重要一课。

全球儿童安全组织创建者——美国华盛顿儿童医学中心

烧伤科医生马丁博士曾说："没有偶然的事故，只有可预防的伤害。"在传播儿童安全教育的十多年中，我深刻体会到这句话的意义。**来自生活中的伤害，看似属于意外，其实99%都是可以预防的。**认识到环境对伤害发生的影响，就可以从源头杜绝隐患的发生；了解到行为对伤害结果的影响，就可以主动改掉坏习惯，养成好习惯，从而提高安全意识。

希望更多的孩子从这套书中学到安全常识，学会保护自己，注重改变陋习，真正实现平安一生。

前言

　　平时居住的家园，是我们生活、学习的地方和情感的港湾。可是你知道吗？再安全的地方也存在着一些隐患。火灾、大雾、不正确地使用家用电器等，这些潜藏在生活中的危机，不时地威胁着我们的生命安全。所以我们要多掌握一些生活安全常识，就能在危机发生时不至于手忙脚乱、束手无策，从而更好地保证我们的生命安全。

目录

10
面对火灾

14
煤气泄漏

18
油锅起火

22
电器着火

26
电风扇旋转

30
有人触电

34
使用电热杯

38
使用电热毯

42

使用电视机

46

使用插座

50

电梯停运

54

发生地震

58

洪水来临

62

森林着火

66

大雾弥漫

70

沙尘暴袭来

74

遭遇冰雹

78

电闪雷鸣

82

放风筝

86

燃放烟花

90

商场走散

面对火灾

火是人类的朋友,但使用不当,就可能会造成火灾,酿(niàng)成大祸(huò)。当火灾发生时,我们该怎么办?

如果是自家着火，而且火势不大，就不要错过时机，力争把火灾消灭在初起阶（jiē）段。或许仅用几桶水或灭火器就可以把火扑灭。

如果是邻居家着火，在门把手还不烫手、走廊里没有浓烟时，可身披湿被子或湿衣服，用湿毛巾等捂（wǔ）住口鼻，蹲下身，通过安全出口迅速撤（chè）离。

如果门外有火苗，不要急于打开门窗，要马上关好自己所在房间的门窗，以防浓烟钻进来。若（ruò）你处在一楼或平房，可以**选择**（xuǎnzé）从窗户跳出。

如果门外大火已使房门变烫，千万不要**贸**（mào）然开门。这时要设法从相反方向逃生。住高层楼时，可利用绳子或床单等**拧**（níng）成的绳子从窗户顺绳而下。千万不要直接跳下。

若火势凶猛，无法逃离，就用湿棉被、床单等堵紧门缝，设法到水池边或窗户旁等不易燃(rán)烧、通风好的地方暂(zàn)时躲避(bì)。

及时拨打火警电话"119"，并站在窗边大声呼救或挥动醒目的物品，以便被救援人员发现。

煤气泄漏

有股煤气味!

　　煤气泄(xiè)漏会造成人们煤气中毒。煤气中毒也叫一氧(yǎng)化碳(tàn)中毒。如果大量吸入煤气,人会出现呼吸困难、昏迷等症(zhèng)状,严重者甚至会死亡。那么,当发现煤气泄漏时,我们应该怎么办呢?

一旦闻到家里有煤气味，首先要屏住呼吸，或用湿毛巾掩（yǎn）住口鼻，以免过多地吸入煤气。

立即找到煤气阀（fá）门并关闭（bì）。

千万不要点火，也不要开启(qǐ)抽(chōu)油烟机、电灯等任何电器，防止出现火花，引起**爆炸**(bàozhà)。

不能开电灯！

快速将门和窗户打开，这样能让新鲜空气对流，**降**(jiàng)低室内煤气浓度。

若煤气泄漏严重，应在室外及时拨打火警电话"119"，并马上告知父母，请专业的维（wéi）修人员进行处理。

如果有人出现轻度煤气中毒症状，如头晕、乏（fá）力、恶心、呕（ǒu）吐、脸色苍白等，要迅速将其转移到通风好、空气新鲜且温暖的环境，并及时送医院救治。

哇！

油锅起火

在家中做菜时，如果火过大或油温过高，都很容易把锅内的油烧着。油锅着火没能及时扑灭是非常危险的。那么，这时我们该怎么办呢？

油锅内起火时，首先要把燃气阀门迅速关闭，切断电源（yuán），以免引起火灾。

不！

呼！

不要惊慌，更不能把油锅扔到别的地方。若油溅（jiàn）到可燃物上，火势就会迅速蔓（màn）延。

可用锅盖或面盆快速盖到油锅上，以隔绝火苗与空气的接触（chù），这样火会慢慢熄（xī）灭。

耶！

如果这个时候手边有足够量的新鲜青菜，可以快速将青菜倒入油锅中，这样也可以使油锅快速降温，从而达到灭火的目的。此外，湿抹（mā）布、沙土也可以用来灭火。

如果可能，可用泡沫（mò）灭火器或干粉灭火器迅速灭火。如果没能及时扑救，火势蔓延了，要立即拨打火警电话"119"。

千万不能用水去灭火。因为油会浮于水面之上，火仍能继续燃烧，油火到处飞溅或蔓延，反而会扩（kuò）大火势。

电器着火

现代家庭（tíng）生活离不开电器，电器发生故障（zhàng）或出现异味、着火时，应提高警惕（tì），并及时采取措（cuò）施。

电器着火，千万不要惊慌，首先应立即关掉室内的总电源。

不能用手直接去拉拽（zhuài）电器，这样很容易发生触电意外。

拉闸(zhá)时要戴绝缘手套(tào)，并站在木凳上，以免触电。

断电后，若火势不大，可用隔绝空气法灭火：如用湿棉被、湿毛毯等不透气的物品包裹(guǒ)电器来扑灭火苗，这样还可以防止电器发生爆炸。

如果火势比较大，自己无法扑灭，就要及时拨打火警电话"119"，并迅速离开现场。

喂，119······

电器着火，千万不能用水去灭。

电器着火时，绝不能用水去灭火，水能导电，那样很容易造成触电，也容易导致电器爆炸，非常危险。

电风扇旋转

炎热的夏天，电风扇（shàn）吹来的风非常凉爽。不过电风扇是个有点危险的"家伙"，使用时也要小心才好。

不能让电风扇直接吹向你，这样忽冷忽热，容易伤风感冒。

长发的女孩不要离电风扇太近，以免头发被卷进去发生危险。

千万不要在电风扇工作时将手指或身体的任何部分伸到扇叶中，否则后果将非常严重。

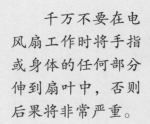

也不要将铅（qiān）笔、木棒、尺子等物品放入正在工作的扇叶中，快速旋（xuán）转的扇叶可能会将它们反弹回来，伤到你自己。

电风扇是带电的，千万不要用湿手去开关电风扇。

不要长时间连续使用电风扇。一旦出现故障，要立即拔掉电源，让家长求助专业人员进行修理。

有人触电

  电给人类生活带来了许多便利，但如果不注意安全用电，那么电也会给我们带来伤害。一旦有人触电，我们应该怎么办呢？

注意，千万不要用手去拉，因为人体也是一种导体，会导电，这样很危险，施救者也容易被电击中。

如果触电者倒在潮湿的地方，施救的人必须（xū）踩着干燥的木椅或穿胶（jiāo）底鞋，再戴上橡（xiàng）胶手套，然后才可以用木棍等绝缘物体将触电者拨开。

如果伤者已昏迷，应让其平卧，并移至通风环境好的地方。

快，把他移到通风的地方去！

快送医院！

如果伤者已停止呼吸和心跳，应在进行人工呼吸的同时进行胸外心脏按压，并及时送往医院进行抢救。

使用电热杯

电热杯使用起来很方便，很快就能把水烧开。但如果使用不当，也可能引发火灾事故。那么，我们在使用电热杯时，应注意什么呢？

使用电热杯烧水时，人不能离开，绝不能把水烧干，否则会发生爆炸或着火。

使用电热杯烧水时，水不能加得过多，这样容易在沸腾后溢（yì）出，发生导电伤人事故。

水烧开以后不要急于取电热杯，应先拔下电源后再取，如果插头被弄湿了，要待擦干后再用。

在烧水过程中，不要用手随意触摸电热杯的金属(shǔ)外壳，以免漏电造成伤害。

烧水时，如果电热杯出现故障，千万不要直接拿起电热杯。应先切断电源，然后才可以检查，以免触电伤人。

清洗时不要把电热杯泡在水中，谨防杯内电热装置进水，发生电源短路，酿成事故。

使用电热毯

　　天冷的时候，我们可能会使用电热毯，电热毯给我们带来了温暖。但如果使用和保护不当，电热毯也可能造成触电和火灾。那么，我们在使用电热毯时应该注意什么呢？

电热毯之所以暖和，是因为里面有电**阻**（zǔ）丝，通电后会发热。所以，在通电时，绝不能折**叠**（dié）和**揉搓**（róu·cuo）电热毯，以免电阻丝断裂发生短路，引起火灾。

也不要把直线**型**（xíng）电热毯放在软床和沙发上使用，以免**损**（sǔn）坏电阻丝，引发火灾。

一般来说，通电30分钟左右电热毯就能达到人体所需的舒适温度，此时可以改为低挡或者关掉电源，以免温度过高引起烫伤事故。

哇，我的屁股被烫着了！

用完电热毯，千万不要忘记关掉电源，以免引发火灾。打湿后的电热毯一定不能使用。

电热毯如有破损，一定要请专业人员修理。要经常仔细检查有无漏电和破损现象。

呀！

使用时如果发现电热毯起火，要先拔掉插头再扑火。不要在铺有电热毯的床上蹦跳或放置重物。

使用电视机

电视机给人们带来了欢乐，是人们休闲娱乐的一个渠道。但如果使用和保管不当，也会带来十分严重的后果。

在使用过程中，发现电视机有冒烟、冒火花、发出焦煳(hú)味等异常现象时，应立即关掉电源开关，停止使用。

电视机不应开启时间过长，也不要无节制地反复开关，这样会损害我们的视力，也会影响电视机的使用寿(shòu)命。

电视机附近禁止放酒（jiǔ）精、汽油等易燃物品，并且要远离电源和带有磁（cí）性的物体，如磁铁、音响等。

要把电视机放置在通风、干燥（zào）的地方。

看完电视后，不要急于遮（zhē）盖，应等它冷却后再盖上，并关闭电源开关，要保持这种良好的习惯（guàn）。

若遇雷雨天气，最好把墙上的电源拔掉，以免把雷电引入室内损坏电视。

使用插座

　　每个家庭都离不开插座。插座是用来接通电器电源的，也可以说它是一个"电老虎"。同学们不要随便和它"玩游戏"，否则，后果可能很严重。

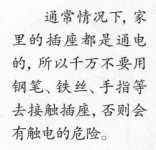

通常情况下，家里的插座都是通电的，所以千万不要用钢笔、铁丝、手指等去接触插座，否则会有触电的危险。

啊！

千万不能学我用手指捅！

如果发现插座不通电，不能为了查看是否进了脏东西而用手指去捅。

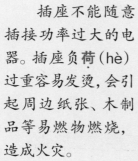

插座不能随意插接功率过大的电器。插座负荷(hè)过重容易发烫，会引起周边纸张、木制品等易燃物燃烧，造成火灾。

电炉怎么能和我插在一起！

小心一些。

如果发现身边有人触电，记住不要用手去拉，也不要与他的身体发生任何接触，应该及时把电源切断，再用绝缘的物体把电线拨开。

电梯停运

当你乘坐电梯时，如果电梯突然发生故障，你被困在电梯里了，该怎么办？

如果电梯忽然不动了，可以先停在原处稍等一会儿，然后按下关门键(jiàn)，再按需要到达的楼层，也许稍等片刻电梯就会正常运行。

这里有紧急呼叫键，一会儿就会有人来救我。

按照上一步做完后，如果电梯仍然停留在原处没有移动，则要寻找紧急呼叫键。紧急呼叫键上一般都会画有一个铃铛(líng·dang)标志。当警铃响后，安保人员会尽快赶到，将被困者救出。

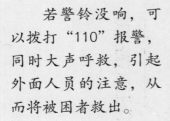

若警铃没响，可以拨打"110"报警，同时大声呼救，引起外面人员的注意，从而将被困者救出。

快来人！

歇一会儿再说！

如果周围没有人，可暂时安静休息，保持体力，待听到外面有响动时，再继续呼救。

千万不要打开电梯顶部的安全窗，这样会更加危险。

切记一点，当电梯不动时，千万不要试图扒（bā）开电梯门逃生。因为电梯可能随时会启动，这样会造成非常危险的后果。

发生地震

　　在地震（zhèn）发生前，动物、气候、地下水等往往都有一些异常的现象，如水位突然上升或下降，鸡犬（quǎn）牛马狂叫不止。如果大家能提高警觉，注意震前的异常现象，也许就可以提前避险。那么，如果发生了地震，你该怎么办？

如果在室内时发生地震，应迅速跑到屋外空旷（kuàng）地带躲避。住在高楼上的人千万不要直接跳出窗外，不要使用电梯。在行动方便时，迅速跑到楼下开阔（kuò）地带。

如来不及跑出去，可将枕头、书包或被褥（rù）等物品顶在头上，暂时躲到卫生间、厨（chú）房等狭小空间内。

若是靠着墙，可先靠墙根蹲着，趁地震暂停的间隙（jiànxì），迅速跑到外面空旷的地方。

若在户外，千万不要乱跑，要选择开阔的场地趴（pā）下。要远离高大的建筑（zhù）物及加油站等危险的地方。

若在公共场所，不要随人流拥挤，以免发生踩踏事件。尽快躲到坚实的柱子边、排椅下。

如果被压在废墟（fèixū）下，千万不要慌张，用衣服捂住口鼻，以防吸入有毒气体。注意保存体力，不要一直大声喊叫、哭泣（qì），可用石头等敲击物体发出求救信号，等待救援。

洪水来临

　　洪水如猛兽（shòu），来势凶猛，它会冲毁（huǐ）我们的家园，甚至还会夺走我们的生命，所以同学们从小就应该掌握一些自救方法，以便保护自己。

洪水暴发时，应迅速就近向地势高的与洪水流向垂直的两侧地带或坚固的屋顶、高楼、大树等地转移。

准备必需物品。如果时间充足，在逃生前记得带上手电筒(tǒng)、哨子、厚衣服及食物和水等物品。

万一被洪水卷走，千万不要惊慌，一定要设法迅速抱住较大的漂浮物，如门板、大床、轮胎(tāi)或大树等，游向岸边或等待救援。

等待救援时可挥动鲜艳的或有亮光的物体，以便被营(yíng)救人员发现，及时得到救助。

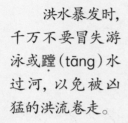
洪水暴发时，千万不要冒失游泳或蹚（tāng）水过河，以免被凶猛的洪流卷走。

洪水暴发时，要远离电线杆、铁塔（tǎ）等危险物体，以免触电。

森林着火

　　森林着火，火势会在短时间内迅速扩大。如遇到这种情况，一定要保持冷静，在报警的同时还要想办法自救。那么，这时我们该怎么做呢？

首先要**辨**（biàn）清风向，**逆**（nì）风而逃。因为火势会顺着风向蔓延，奔跑的速度比不上风的速度，顺风跑会很危险。注意，浓烟的方向标志着风的方向。

迅速找一个没有树的地方或其他烧不到的地方躲避。如果附近有河流、水沟或池塘等，也可以在那里躲避，但切**忌**（jì）到深水处，以防**溺**（nì）水。

如果已被大火包围，也找不到可以躲避的地方，可利用手中的工具迅速将身边3米以内的草木割（gē）掉，从而使自己周围没有可燃物。

如果有通信工具，在逃生的同时马上拨打火警电话"119"报警求救。

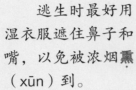
逃生时最好用湿衣服遮住鼻子和嘴，以免被浓烟熏（xūn）到。

中小学生不要参与灭火救灾！

不要贸然参加灭火救灾。因为同学们还太小，没有这种能力，而且相关规定也禁止中小学生参加救火。

大雾弥漫

　　大雾天气，到处都是灰蒙蒙的，能见度较低。遇到这种天气时，同学们应尽量减少外出，如果必须出行，一定要格外注意安全。那么，在遇到大雾天气时，我们要注意什么呢？

大雾天气，雾中的有害物质容易造成气管炎、**咽喉**（yānhóu）炎等病症，因此同学们不要在雾中进行体育**锻炼**（duànliàn），更不能在雾中做剧烈运动。

　　大雾天气，能见度低，外出时尽量穿着鲜艳的衣服，这样有利于机动车驾驶员及时看到自己，以防发生交通事故。

雾天外出时，一定要戴口罩（zhào），这样可以有效（xiào）减少有害物质的吸入，保护我们的身体健康。

雾天能见度低，而且路面湿滑，所以走路时一定要留神，切不可四处张望或与小伙伴嬉戏打闹。

雾天出行时，一定要靠右侧通行，遵守交通规则。注意路面"杀手"，如下水井、深坑及施工工地等。如果有条件，最好打开手电筒或其他带亮光的物体照着路面前行。

2 路

雾天等候乘坐公交车更应该保持秩序，不可拥挤或者集体滞（zhì）留在交通要道上。

沙尘暴袭来

　　我国一些地区发生过沙尘暴，这是一种灾害性天气。沙尘暴来临时，能见度很低，空气污染严重，会引发眼睛和呼吸系统炎症，甚至影响气候变化。那么，当沙尘暴袭（xí）来时，我们应该注意什么呢？

沙尘暴发生时如果正好在家里，那么一定要关好门窗，最大限度保证室内空气洁净。

沙尘暴会带来很多尘土，此时要尽量减少外出，在室内活动。

如果必须外出，一定要记得戴口罩、眼镜或用衣物、纱巾等蒙住头部，遮蔽（bì）外露的皮肤。

如果在户外遇到狂风骤（zhòu）起，要在高坡的背风一侧顺着风向趴下并紧紧抓住牢固的物体，同时把头护在双臂之间。

注意高空坠(zhuì)物。远离高处的广告牌、高压线及高大的树木和建筑物等，防止发生危险。还应远离河、湖等地，避免风向变化发生意外。

若在刮沙尘暴时外出，回到家后应立即把脏衣服换掉，并且及时洗手洗脸。

遭遇冰雹

　　冰雹（báo）是由强对流天气引起的气象灾害，小冰雹相对于地震、洪水来说没有那么大的杀伤力，但同学们也应该注意保护自己，以免被砸伤。遭遇冰雹时我们该注意什么呢？

下冰雹时，如果不巧正在室外，那么应立即用雨具、书包或其他物品保护头部，并尽快跑进附近的建筑物内躲避。

下冰雹时，应在室内躲避，切不可贪（tān）玩出去捡冰雹。

下冰雹时要关好门窗，并且不要站在窗前或阳台上，以免被冰雹砸伤。

冰雹来临时常常伴有雷雨，切记不要到大树下、高压线和金属物体附近，以防遭到雷击。

冰雹来临时，不要靠近河岸，防止被伴随冰雹而来的大风吹入河中，发生意外。

呀！

看，这冰雹多好看。

这可不能吃！

虽然冰雹看上去晶莹（yíng）剔（tī）透，但其实很不干净，里面含有许多有害物质。所以，切不可因为好奇而食用冰雹。

电闪雷鸣

　　电闪雷鸣是自然现象，但它有极强的破坏力。所以，在电闪雷鸣时，同学们应该及时躲避。那么，在雷电交加时，我们该注意些什么呢？

雷雨交加时，若你在室外，应及时寻找安全避难（nàn）所，比如装有避雷针的建筑物，有完整金属车厢（xiāng）的车辆也是很好的避难所。

哇!

绝不能躲在大树下，即使为了避雨，至少也要在离大树5米之外的地方。也不能躲避在电线杆、金属栏杆和变压器附近。

遇到电闪雷鸣来不及躲避时，不要在高处或宽阔的广场上行走，应迅速在低处蹲下来，**蜷缩**（quánsuō）身体；尽量缩小暴露面。

雷雨天气尽量不要骑自行车，也不要在大树、电线杆下行走，尽量不要在户外接打手机。

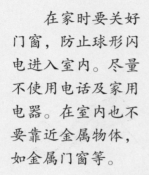

在家时要关好门窗，防止球形闪电进入室内。尽量不使用电话及家用电器。在室内也不要靠近金属物体，如金属门窗等。

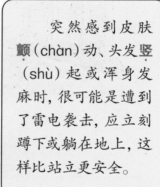

突然感到皮肤颤（chàn）动、头发竖（shù）起或浑身发麻时，很可能是遭到了雷电袭击，应立刻蹲下或躺在地上，这样比站立更安全。

放风筝

　　放风筝（fēng·zheng）是一项非常有趣的户外活动，但如果选择的场所不合适，是很容易发生意外危险的。那么，我们在放风筝时需要注意什么呢？

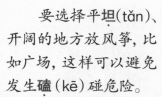

要选择平坦(tǎn)、开阔的地方放风筝,比如广场,这样可以避免发生磕(kē)碰危险。

要远离高压线、电线杆等电力设施,如果风筝缠(chán)在高压线上,极易发生触电危险,后果不堪(kān)设想。

小区、街道、天桥等人群密集、建筑物密集的场所都不适合放风筝，在这些地方放风筝很容易引发交通事故等意外。

不要在公路、大桥、铁路、飞机场附近放风筝。也不要去楼顶、河边等地放风筝，会有从高处摔下或失足落水的危险。

气候恶**劣**(liè)时不能放风筝，如刮大风和雷雨天。如果遇到雷雨要迅速离开空旷地带，避免雷击危险。

快离开这里!

一旦风筝缠住物体，要立即松手，不能硬拽，以防手被划伤。风筝放飞时遇到断线或挂在树上、电线上等情况，不要贸然去取，以免触电和摔伤。

燃放烟花

　　每逢农历春节，人们总会燃放烟花爆竹来进行庆祝，这是我国的一种传统民俗习惯。可是，烟花虽然美丽，但若燃放不当，也会造成很大的伤害。那么，同学们在燃放烟花爆竹时，应注意些什么呢？

若想燃放烟花爆竹，应选择安全系数高、危险性较小的正规产品，这样不容易发生危险。在有禁放烟花爆竹规定的城市，一定要遵守相关要求。

啊！

燃放烟花爆竹的时候要有家长监督(jiāndū)，一定要把烟花固定好再点燃，点着后迅速远离，返回安全地带。不要直接用手拿，以免手部受伤。

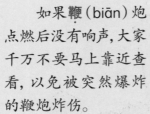

如果鞭(biān)炮点燃后没有响声,大家千万不要马上靠近查看,以免被突然爆炸的鞭炮炸伤。

先别过去!

不要在室内、阳台、楼道内燃放烟花爆竹,这样十分容易引发火灾。

燃放点要选择开阔的空地，标有禁止烟火的有易燃易爆物品的地方绝对不可以燃放烟花爆竹，以免引发火灾，造成人员和财（cái）产的损失。

加油站

危险！

千万不要去垃圾里捡燃放过的鞭炮，这样不仅容易感染细菌（jūn），还容易被隐藏在其中没有燃尽的鞭炮炸伤。千万不能将点燃的鞭炮丢进下水道盖子上的小孔里，因为下水道中有危险的易燃气体，遇明火则会发生剧烈爆炸，造成人员伤亡。

商场走散

如果在商场熙（xī）熙攘（rǎng）攘的人群中你突然找不到家长了，该怎么办呢？

如果附近有电话，可以打电话和家长联系。告诉他们你所在的位置，不要再随意走动。

寻求商场工作人员或警察的帮助。可以请商场的工作人员用广播帮助寻找父母。

找不同

这位小朋友用铁丝去捅插座孔是十分危险的。左右两幅图中有九处不同，请你在右图中把它们圈出来。

选择游戏

这位小朋友在家里玩火，这种做法对吗？

A．只是玩玩打火机，没问题。

B．不可以，周围有很多易燃物，随便玩火容易发生危险。